璀璨的银河

美国世界图书出版公司〔World Book, Inc.〕著

李新健 译

机械工业出版社
CHINA MACHINE PRESS

夜幕降临，巨大的星河在夜幕上缓缓呈现。这条横跨星空，含有无数恒星的星河是纯白色的，我们习惯称它为银河。银河是银河系的一部分，是我们肉眼可见的银河系。你知道银河系为什么会发光吗？知道不借助天文望远镜，我们能看到多少银河系吗？知道银河系有多大、多少岁了吗？知道银河系是怎么形成的、又会以何种形式灭亡吗？本书带你一起探索银河系，找到这些问题的答案。

北京市版权局著作权合同登记 图字：01-2019-2308号。

图书在版编目（CIP）数据

璀璨的银河 / 美国世界图书出版公司著；李新健译 . — 北京：机械工业出版社，2019.7（2024.5 重印） 书名原文：The Milky Way ISBN 978-7-111-63131-6

Ⅰ.①璀… Ⅱ.①美…②李… Ⅲ.①银河系 – 青少年读物 Ⅳ.①P156-49

中国版本图书馆 CIP 数据核字（2019）第 134725 号

机械工业出版社（北京市百万庄大街22号 邮政编码100037） 策划编辑：赵 屹 责任编辑：赵 屹 黄丽梅 责任校对：孙丽萍 责任印制：孙 炜 北京利丰雅高长城印刷有限公司印刷 2024年5月第1版第11次印刷 203mm×254mm・4印张・2插页・56千字 标准书号：ISBN 978-7-111-63131-6 定价：49.00元

电话服务 网络服务
客服电话：010-88361066 机 工 官 网：www.cmpbook.com
　　　　　010-88379833 机 工 官 博：weibo.com/cmp1952
　　　　　010-68326294 金 书 网：www.golden-book.com
封底无防伪标均为盗版 机工教育服务网：www.cmpedu.com

目 录

序

作为一名在天文领域从事研究二十余年的天文科研人员而言，很高兴近些年有很多不错的天文学作品出现，我一直关注这些作品，特别是科普作品。在过去的几年当中，也做了一些关于天文领域的科普宣传，很高兴能为天文学的科普事业做些事，如今受机械工业出版社的编辑邀请，为这套天文书写推荐序，我感到十分荣幸。

德国的伟大哲学家康德曾经说过："有两种东西，我对它们的思考越是深沉和持久，它们在我心灵中唤起的惊奇和敬畏就会日新月异，不断增长，这就是我头上的星空和心中的道德定律。"我以前碰到过一个资深的国际知名学术期刊的编辑，他说自己曾经做过统计，90%的小朋友对于两样事物很感兴趣，那就是星空和恐龙。无论对于成人还是孩子，了解星空的奥秘可以说是人类心中最原始的一种愿望。

这是一套包含了天文基本知识介绍并且图文并茂的书籍，从最想了解的宇宙知识到银河、再到恒星以及它们的故事，比如宇宙有多大？宇宙是如何产生的？望远镜可以看多远？什么是暗能量？什么是暗物质？等等。凡是我们通常有的疑问，几乎都可以在这套天文书中找到答案。

回想我自己对天文知识的学习，其实还是蛮不易的。小时候同其他的小朋友一样，对于天文很感兴趣，但是在书籍匮乏和经济落后的西北小镇，几乎没有太多的渠道获取最新的天文知识，听到的时常是各种科学谣言，也就是一些天文学名词外加编造出来的故事，很多时候，这些发生在天体当中的事情被说得玄而又玄。在这种情况下，我对天文学的兴趣还能保留下来，之后还考入南京大学系统学习天文学，现在想来着实不易。看了这套书，我时常在想，如果我能够像现在的孩子一样，在我最想了解星空的时候，拥有一套类似这样的天文书，将是何等幸福和满足，在愿望最强烈的时候得到科学的指引，也许能碰撞出更不一样的火花。愿这套书籍能够在读者最想了解星空的时候，帮助读者解答心中的疑惑，坚定理想，对未来充满希望。

尽管这套书针对的读者对象是青少年，不过对于那些同样对星空充满好奇心的成人而言，这套书也是非常不错的选择，是一套可以用来入门的轻松的天文读物，是可以家庭共享的一套书籍。

好书是良师更是益友，希望读者能够开卷受益。

苟利军
中国科学院国家天文台研究员
中国科学院大学天文学教授
《中国国家天文》杂志执行总编

夜幕降临，巨大的星河在夜幕上缓缓呈现。这条横跨于夜空之上，含有无数恒星的星河是纯白色的，我们习惯称它为银河。它是我们肉眼可见的银河系。

漫长的人类历史中，人们仰望夜空，思考银河系究竟是什么。今天，我们已经知道银河系是包含千亿颗恒星的巨大星系。这些恒星围绕星系中心，旋涡状地向外扩散分布，我们的太阳系在一条旋臂之中，大约位于星系中心与星系边缘的中间位置。

利用现代望远镜，天文学家知道银河系中存在无数奇观，大量尘埃和气体聚合形成新恒星，许多恒星因骤烈地爆炸而毁灭。随着时间推移，银河系变成现在的样子，犹如巨大的车轮在天空中发着白色的光。

透过尘埃和气体聚合形成的云状物，可以发现银河系中心位置有数十亿颗闪着光的恒星。

什么是银河系？

一个特殊的星系

银河系是宇宙中数十亿星系中普通的一个，但对人类来说，它却是最特殊的存在，因为我们生命的源泉——太阳及其所有行星组成的太阳系就位于银河系。

太阳系并不在银河系中心，而是位于银河系中心到银河系边缘的中间位置。

宇宙中的"风车"

银河系属于旋涡星系，形状像风车。宇宙中还有椭球形星系，以及没有固定形状的不规则星系。

银河系像一条闪亮的光带，横跨夜空。

银河系是由大量恒星、尘埃、气体和其他物质，通过引力作用聚合而成的星系。

以银河系中心为起点，由恒星、尘埃、气体构成长且弯的旋臂。

银河系的名称由来

仰望星空

在古代，夜晚很黑，街道没有路灯，城市和乡村没有现在这样明亮，人们可以清晰地看到星空中有一条闪亮的光带从地平线的一端延伸到另一端。古代人不知道这是什么！实际上，这条光带围绕着整个地球。

打翻的牛奶

这条白色光带是天空中最令人着迷的东西，古希腊人认为它像一滩打翻的牛奶，称它奶色圆环，古罗马人则称它为奶色的路，最后演变成奶色轨迹，翻译成中文就是银河，银河所在的星系也被称为银河系。

你知道吗？

第一个提出银河系是由恒星构成的人是古希腊哲学家德谟克利特（公元前460年—公元前370年）。

银河系的名字来源于它的样子模糊朦胧，像一条横跨夜空的奶色光带。英语中银河系的单词"galaxy"在希腊语中与"milk（牛奶）"意思相同。

◄ 在古代中国神话中，银河系是天帝放在天上的河，用于隔开相爱的牛郎和织女。

▼ 这幅1681年的插图中，银河系是由众多恒星组成的圆环。

▲ 这幅插图是1908年出版的德语图书的封面，天文学家正在研究银河系。

银河系的照片

数万年间，惊异于银河系之壮丽华美的观星者们从未想过银河系中还有什么是人眼看不见的。可见光，即人眼可以看见的光，是宇宙中恒星和其他物体所发出的能量形式中的一种。随着望远镜技术的发展，人类可以观察到更多种能量形式。

有的望远镜可以观测到红外线，宇宙空间内由尘埃和气体构成的云状物能吸收可见光，红外线却可以穿透它。通过观测红外线，就能了解银河系中心的恒星变化过程。通过观测紫外线，天文学家能够研究太阳、了解恒星之间空间的氢元素分布和含量。通过观测无线电波，天文学家可以研究脉冲星和类星体。根据观测伽马射线所拍得的照片，可以获取坍缩恒星的很多信息，以及观察正物质和反物质间的反应过程。通过观测已知恒星和物体的最新信息，新型望远镜已经发现宇宙空间内许多未知物体，例如黑洞。

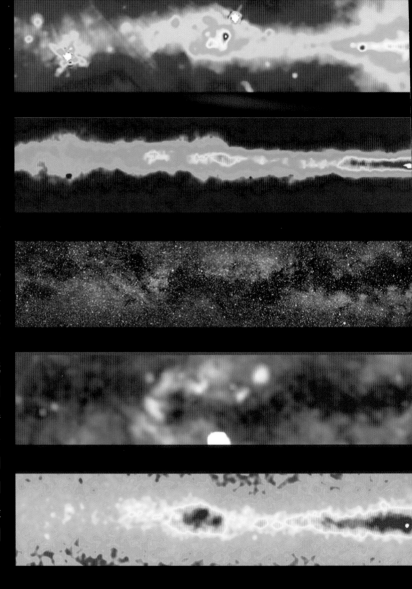

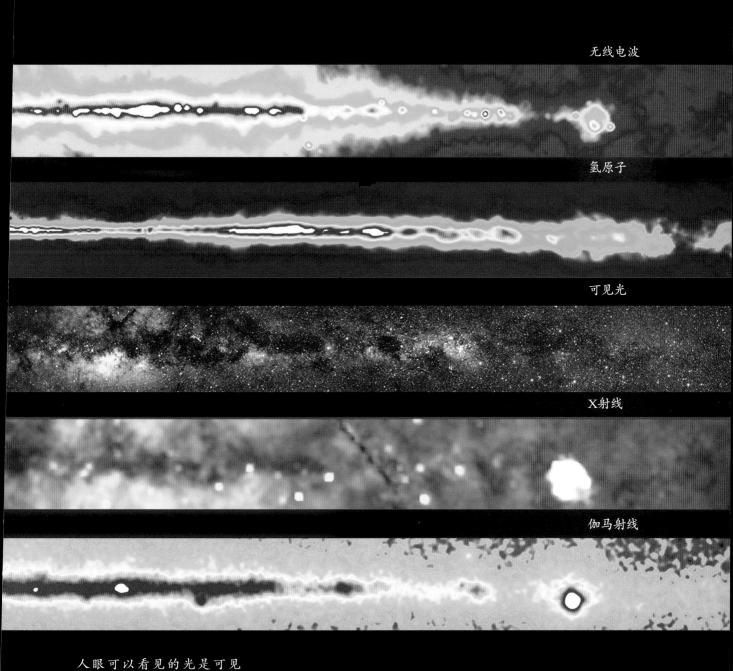

无线电波

氢原子

可见光

X射线

伽马射线

人眼可以看见的光是可见
光，可见光只是电磁波谱的一部

没有望远镜，我们可以观测到多少银河系？

被恒星填满的天空

　　人类所观察到的银河系像是横跨夜空的一条白色光带，模糊的、闪亮的。这是因为人类处在银河系中，只有有限的观察视角，能看到的只是银河系的部分边沿。

光污染

　　要想看清这条白色光带，你必须离开城市。因为现代城市有大量的人造光源，如果生活在城市，你只能在夜晚隐约地看到天上的星星。在美国和加拿大西部许多地区、欧洲和亚洲部分地区，城市居民往往只能看到一些亮度最大的恒星，而且只有在没有月亮的夜晚才能看到。城市光源遮住了宇宙空间中恒星发出的光。这种人造光造成的干扰效应被称作光污染。

从美国国家航空航天局（NASA）发布的这张照片可以看到，照明用灯、街道灯光以及其他人造光散逸至空中，造成光污染，这种污染严重影响人类所能观测到的恒星数量。

1908年，洛杉矶地区居民仅为35000人，对于附近威尔逊山天文台的天文学家来说，光污染并不是严重的问题。

现在，有900万人居住在洛杉矶地区，光污染非常严重，人们只能看到月球和部分亮度最大的恒星。

模糊光线

恒星的核心深处发生核聚变，氢原子聚变成为氦原子，同时产生大量能量。

在地球上观察，许多遥远的恒星看起来离我们很近。事实上，肉眼根本无法分辨单个恒星，诸多星体发出的光重叠，看起来像是模糊的光带。只有高倍率望远镜才可以观测到银河系中的单个恒星。

许多体积巨大的恒星位于银河系中心位置，该图为智利甚大望远镜拍摄的红外线照片。

你知道吗？

太阳和许多恒星都是由等离子体——一种带电粒子——构成的气状物体。

大量恒星的存在让银河系在天空闪着光。

银河系中心凸起位置闪耀着由数十亿颗恒星发出的光，这张360°全景图是由智利的天文望远镜所拍下的数千张照片拼接而成的。

恒星因核聚变产生能量，一系列共3次反应后，4个氢原子最终转变成为1个氦原子，每个步骤都会同步生成粒子（正电子）并释放能量，以便反应得以顺利进行。

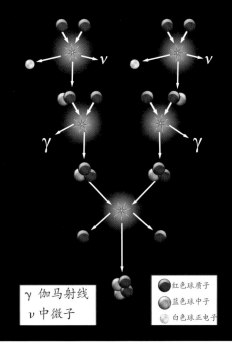

γ 伽马射线
ν 中微子

红色球质子
蓝色球中子
白色球正电子

银河系局部

人类很早就在夜空看到了银河系，但此后很久，人类才得以了解它的本质。倍率更大的望远镜出现后，曾经隐藏着的银河系的真正模样才逐渐显现。

我们知道的银河系三维结构要比几十年前清晰很多。由恒星构成的光带不过是人类在地球上能够观测到的银河系星盘的边沿。我们知道银河系呈扁平状、中心凸起，有数条从中心凸起向外延伸的旋臂（旋臂区域内恒星密度更大）。另外，天文学家已经注意到一些小的星系及更小的星团散逸在银河系边沿以外。近年来，天文学家还观测到漫游在银河系星盘以外区域携带狭小星环的古老恒星。

▼ 下图为由斯隆数字巡天计划提供数据，经由计算机合成的从矮星系向银河系"流动"的星河图片，这是我们从来不知道的。

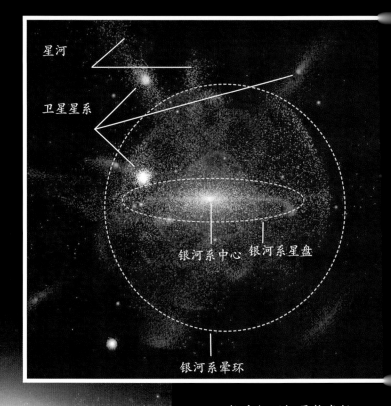

星河

卫星星系

银河系中心　银河系星盘

银河系晕环

◄ 数千亿颗恒星构成银河系，绝大多数巨大恒星都处在银河系中心1000光年以内的中心地带。银河系中心地带拥有巨大引力，天文学家相信那里存在黑洞。

银河系的形状类似中心部位凸起的薄圆盘，由恒星、尘埃和气体构成，从中心凸起部分向外延伸出狭长且弯曲的旋臂，因此银河系看起来是旋涡状的。

旋臂

核球

银盘

银晕

球状星团

核球和银盘被银晕包裹，银晕内有球状星团。球状星团致密、呈球形，由成百上千的老年恒星组成。银晕中还有神秘且不可见的暗物质。通过引力作用，暗物质与银河系空间中其他物质发生作用。

以光年为距离测量尺度

　　光在宇宙真空中的传播速度是每秒299792公里，按照这个速度，光在一年时间可以传播9.46万亿公里，天文学家和物理学家将光在宇宙真空中一年时间传播的距离称作光年。

银河系的尺寸

　　天文学家估算出银河系的直径可达10万光年，核球（中央凸起部分）的厚度为1万光年，银河系中心棒状结构的长度达2.7万光年，而银盘的厚度为1000光年。

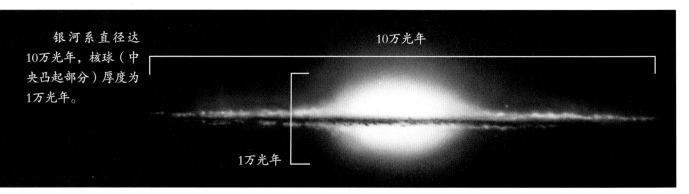

银河系直径达10万光年，核球（中央凸起部分）厚度为1万光年。

10万光年

1万光年

M74星系要比银河系小得多，但在形状上却很接近。科学家通过研究其他旋涡星系可以得到更多银河系的细节。

9.5万光年

银河系非常大，以至于用英里或公里测算它的大小显得毫无意义，想测量超远距离，天文学家使用的长度单位通常是光年。

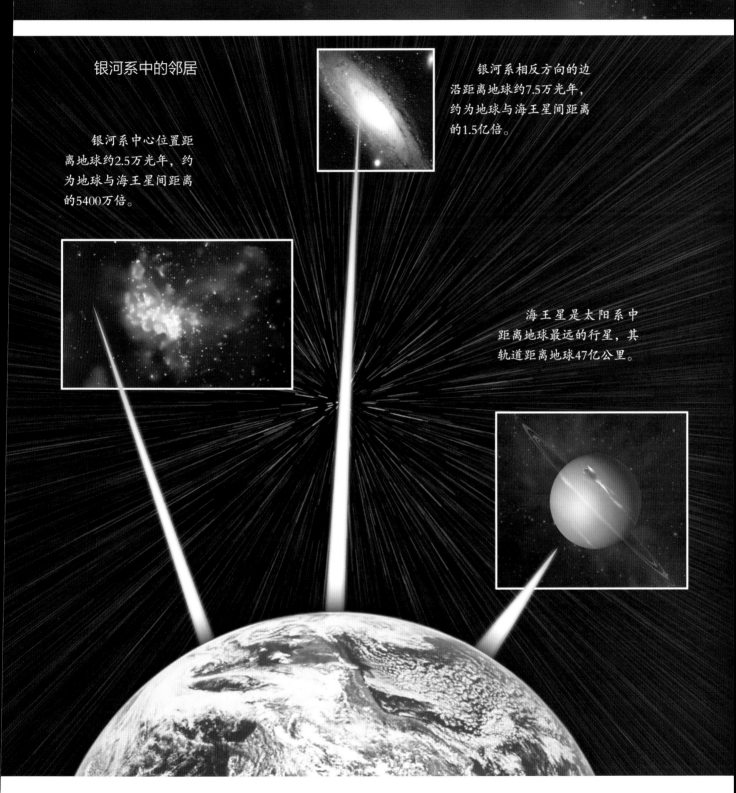

银河系中的邻居

银河系相反方向的边沿距离地球约7.5万光年，约为地球与海王星间距离的1.5亿倍。

银河系中心位置距离地球约2.5万光年，约为地球与海王星间距离的5400万倍。

海王星是太阳系中距离地球最远的行星，其轨道距离地球47亿公里。

银河系在移动吗？

围绕轨道旋转的旋臂

旋臂围绕银河系中心旋转，像风车一样。中心棒状结构围绕它的中线旋转，与螺旋桨中轴的道理相同。中心棒状结构和旋臂旋转是因为银河系中心位置的恒星都围绕中心进行轨道旋转。例如，太阳围绕银河系中心以每秒249公里的速度旋转。

在宇宙空间行进

太阳系以相对恒定的速度在宇宙空间中行进。银河系与仙女星系正以每秒120公里的速度相互靠近，它们很可能在数十亿年后发生碰撞。距离银河系较近的40个星系，共同以每秒1497公里的速度向更远的星系行进。

银河系旋臂围绕银河系中心位置旋转。

你知道吗？

如果地球按照其他恒星围绕银河系中心位置旋转的速度旋转，地球围绕太阳旋转一周所需要的时间仅为3天，而不是现在的365天。

除此以外，恒星在围绕银河系中心位置旋转的同时，还会以相当的频率震荡，即在垂直于银河系平面的方向上下移动。

银河系中的恒星按照圆形轨道围绕银河系中心位置旋转，而整个银河系也在宇宙空间中行进。

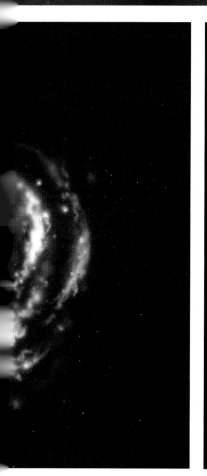

一张牛顿空间天文站拍摄的X射线照片显示，一个带有长度约20万光年彗星状尾巴的星系正在靠近阿贝尔星系团。星系通常会以碰撞的方式产生规模更大的星系。

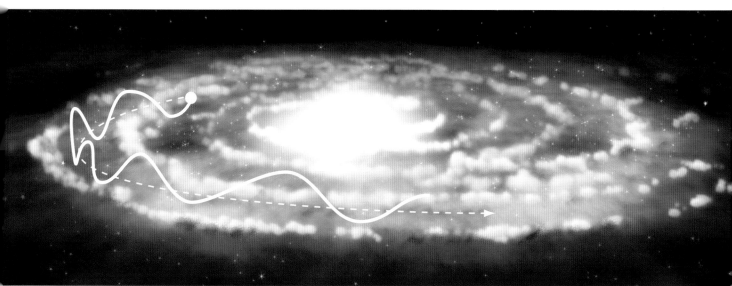

银河系中心有什么？

中央恒星

银河系中心位置的恒星分布密度最大。另外，体积最大的恒星也通常在银河系中心位置。

黑洞

银河系中心位置拥有巨大引力，据天文学家测算，此巨引源的质量是太阳的400万倍，但该物体的体积只有太阳系般大小，现在仅知的拥有如此大质量，体积却又如此之小的物体只有黑洞。

黑洞是指在极小空间容纳极大量物质。黑洞的密度极高，它的引力如此之大，即便是光也无法逃脱。任何靠近黑洞的物体都将被吞噬，包括恒星。

能量

天文学家还发现了银河系中心位置的人马座A*发射出的无线电波和X射线。这种能量形式通常在光线被扯入黑洞时才会放出。

因为年轻恒星发射出红外线的作用，银河系中心位置由气体和尘埃构成的巨型云状物会闪着亮光，而在银河系最中心位置，存在一个由气体和尘埃构成的、旋转圆环包围着的超大型黑洞。

核球与中心棒状结构中紧密排列着数百万颗恒星，那里还有由尘埃和气体构成的云状物和质量巨大的黑洞。

人马座A*

▲　人马座A*被大量巨大恒星包围。黑洞位于银河系中心位置。上图为通过X射线与红外线观测到的图像。

银河系多少岁了?

寻找年龄最大的恒星

天文学家通过寻找年龄最大的恒星去估算银河系的年龄。大部分高龄恒星都分布在旋臂外围，它们是银盘的主要组成部分，而多数低龄恒星都位于旋臂之中。

天文学家通过研究恒星的化学元素组成测算星体的年龄，而通过分析恒星发出的光，可以确定恒星的化学元素组成。

NGC6379球状星团内拥有银河系中年龄最大的恒星，通过研究这些体积较小、密度较大的恒星的化学元素组成，分析得出这些恒星形成于宇宙大爆炸初期，距今超过130亿年。

天文学家认为银河系的年龄超过130亿年，几乎与宇宙同龄。宇宙大约形成于138亿年前。

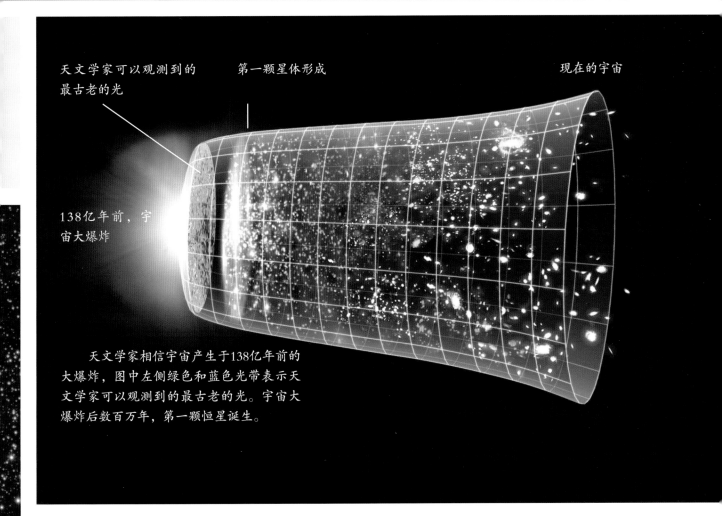

天文学家可以观测到的最古老的光

第一颗星体形成

现在的宇宙

138亿年前，宇宙大爆炸

天文学家相信宇宙产生于138亿年前的大爆炸，图中左侧绿色和蓝色光带表示天文学家可以观测到的最古老的光。宇宙大爆炸后数百万年，第一颗恒星诞生。

化学元素中的答案

第一颗恒星由气体构成，其中只包含质量最小的元素——氢、氦和锂。第一颗恒星内部发生核聚变反应，从而产生其他质量更大的元素。

宇宙中第一颗恒星很快便在爆炸中消失，构成这颗恒星的化学元素重新形成气团和尘埃。随后，气团和尘埃在引力作用下再次聚合形成新一代恒星，其中含有质量稍大的元素，例如氧元素和铁元素。通过对比研究不同元素的数量，天文学家认为银河系中众多恒星最大的年龄，同时也是银河系的年龄，超过130亿年。

地球在银河系中所处的位置

中心以外的生命

　　太阳和地球，以及太阳系中其他星体都位于银河系的银盘位置。天文学家估算太阳系距离银河系中心位置约为2.5万光年，处在猎户臂上，而太阳则位于银盘边沿到银河系中心位置的中间地带。

　　银河系中所有恒星围绕银河系中心位置旋转，太阳环绕银河系中心位置旋转一周大约需要2.4亿年。银河系内几乎所有恒星都按照相同方向旋转，也就是说，整个银河系都绕着自己的中心位置旋转。

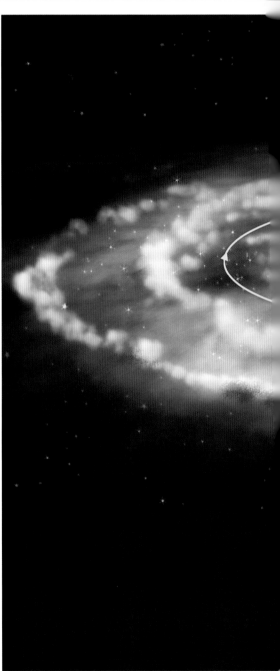

太阳与其他位于相同旋臂中的恒星围绕银河系中心位置旋转，旋转一周需要2.4亿年。

太阳

太阳距离银河系中心位置约为2.5万光年，位于银盘边沿到银河系中心位置的中间地带。

太阳

银河系在宇宙中的位置

太阳是银河系数千亿颗恒星之一。

地球和太阳系中其他行星绕太阳旋转。

本星系群从属于本超星系团，这是更大的星系团，本超星系团的跨度约为1亿光年。

银河系是由大约50个星系组成的本星系群的一员，本星系群中的星系因相互间的引力作用而聚集。

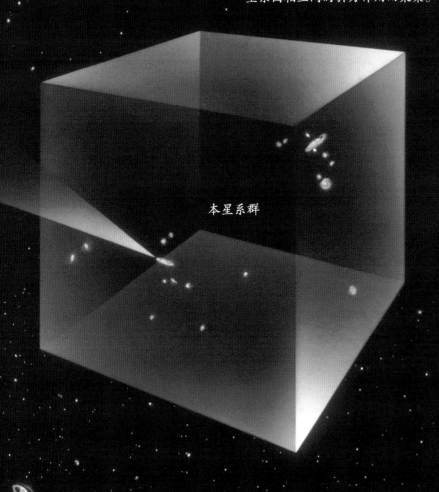

本星系群

银河系是否还有其他行星系？

系外行星

20世纪90年代，天文学家开始寻找围绕其他恒星旋转的行星，他们称这些在太阳系以外的行星为系外行星。随着倍率更大的望远镜和其他现代工具的出现，天文学家已经可以找到系外行星存在的痕迹。

奇异星

天文学家发现了许多围绕不同于太阳的恒星旋转的系外行星，第一颗被发现的系外行星围绕脉冲星旋转。脉冲星自转时，会如灯塔般规律地喷射出能量流。另外，宇宙空间内也存在围绕双星系统旋转的系外行星。还有绕红矮星（质量远低于太阳的星体）旋转的系外行星。不过，随着观测方法的进步，天文学家希望可以找到更多围绕类似太阳的恒星旋转的系外行星。

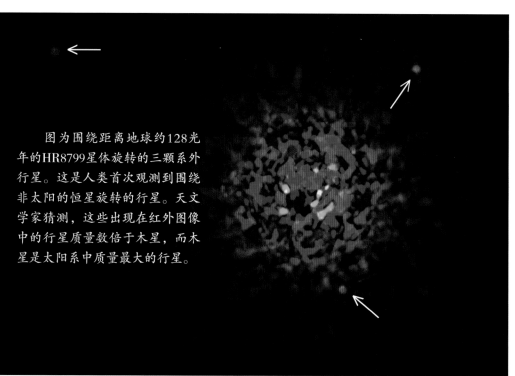

图为围绕距离地球约128光年的HR8799星体旋转的三颗系外行星。这是人类首次观测到围绕非太阳的恒星旋转的行星。天文学家猜测，这些出现在红外图像中的行星质量数倍于木星，而木星是太阳系中质量最大的行星。

太阳不过是银河系数千亿颗恒星之一，天文学家相信银河系内还有许多类似的恒星，并存在围绕着它们旋转的行星系。

一颗围绕红矮星格利泽876旋转的系外行星和它的卫星，该系外行星距离太阳15光年。该图由插画师创作。

距离太阳系最近的恒星

红矮星

距离太阳系最近的恒星是比邻星，比邻星是一颗距离太阳系4.2光年的红矮星，它比太阳冷且暗，太阳的表面温度约为5500摄氏度，比邻星的表面温度为3100摄氏度，天文学家并不认为比邻星存在行星系。

三星系统

比邻星是半人马座阿尔法星三星系统中的一颗，其他两颗恒星分别为半人马座阿尔法星A和半人马座阿尔法星B。两颗恒星环绕对方旋转，组成双星系统。半人马座阿尔法星中最亮的恒星是半人马座阿尔法星A，它距离地球4.4光年。

比邻星（下方红外照片中心位置）是距离太阳最近的恒星。

你知道吗？

如果将银河系缩小到玩具飞盘般大小，银盘的厚度与一张纸相差无几。

距离太阳最近的恒星是距离为4.2光年的比邻星。宇宙飞船以光速前
进，抵达那里需要4.2年。

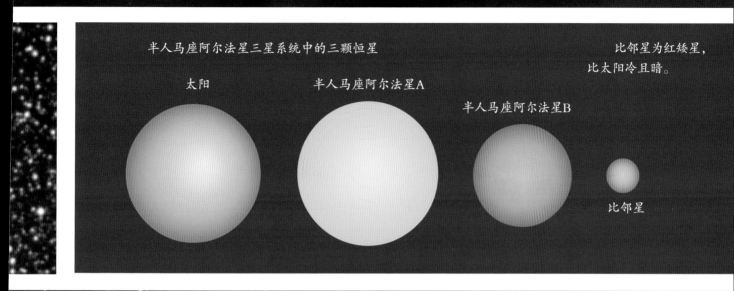

半人马座阿尔法星三星系统中的三颗恒星

比邻星为红矮星，
比太阳冷且暗。

太阳　　　　　半人马座阿尔法星A

半人马座阿尔法星B

比邻星

比邻星与另外两颗半人马座阿
尔法星（箭头）距离地球约4.4光
年，在夜空中观测，看起来像一颗
恒星。

是谁发现银河系是恒星系？

伽利略和他的望远镜

17世纪，意大利天文学家、物理学家和数学家伽利略成为第一位将望远镜用于天文学观测的科学家，他观测到月球表面的诸多细节，还发现了木星的卫星，并得出天空中那条发白光的带状物中有许多独立恒星的结论。

赫歇尔和哈勃

随着英国科学家威廉·赫歇尔爵士发明倍率更高的望远镜，人们对太阳系的认知取得重大进展。赫歇尔看到了宇宙更深处，并辨认出数千颗恒星。利用这些观测到的恒星，他制作了银河系最早期的模型。他发现太阳在宇宙空间中并非固定不动。他还观测到模糊的云状物体，并将之命名为星云，他猜测这些云状物体是银河系以外的"宇宙岛"。另外，他还发现了红外线，这对天文学家至关重要。

直到20世纪20年代，美国天文学家爱德文·哈勃证明赫歇尔所说的云状物体在银河系以外，并把它命名为仙女星云。实际上，银河系只是宇宙中数十亿星系之一。哈勃还发现了其他星系也处在移动中，而且两个星系距离越远，相对移动速度似乎越大。

意大利天文学家、物理学家和数学家伽利略，被尊为现代实验科学的奠基人。

为让人类更了解宇宙，许多天文学家都做过努力。但在望远镜发明之前，对于宇宙的本质，我们知之甚少。

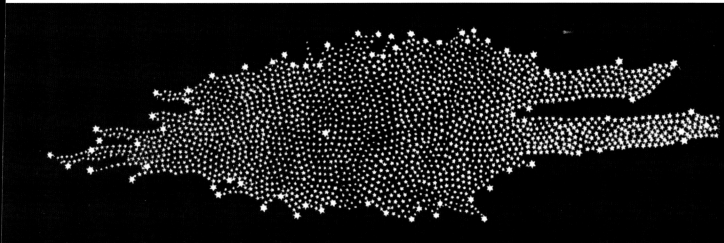

▲ 银河系即是整个宇宙的观念让英国天文学家赫歇尔爵士在他1785年制作的宇宙模型中把太阳系定位在最中间。

► 美国天文学家哈勃证明了银河系只是宇宙中大量的星系之一。

有人看到苹果从树上掉落而发现重力的存在，既而发现宇宙中所有物体间都存在引力，包括银河系中的恒星。

牛顿的理论

17世纪，英国科学家艾萨克·牛顿爵士建立了万有引力理论。他发现地球上物体朝地球中心掉落与行星围绕太阳旋转都是因为一种普遍存在的力，牛顿爵士将之命名为引力，两个物体间的引力大小与物体质量和相互之间的距离有关。

爱因斯坦的理论

从日常生活的维度考量，牛顿的理论已经非常完美。但是在20世纪初，德国出生的美国物理学家阿尔伯特·爱因斯坦提出，如果放在更大维度检验，牛顿的理论完全不成立。在他看来，引力的本质是空间的弯曲。

在爱因斯坦之前，科学家们普遍认为宇宙空间是均一的，就像一张平铺的纸。爱因斯坦发现巨大的物体（例如星体）会让空间弯曲，与一颗放在软床垫上的保龄球会凹陷下去一样。如果床垫上有一颗玻璃弹球，它将围绕保龄球旋转并逐渐靠近保龄球。同样的方式，因为太阳导致空间弯曲，所以地球围绕太阳旋转的同时会逐渐靠近太阳。

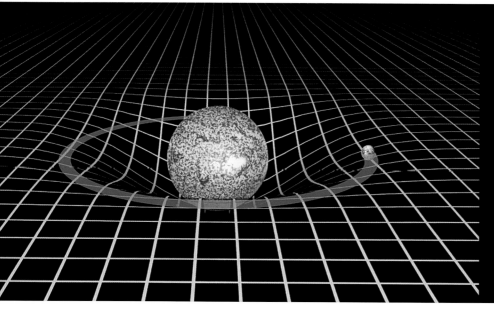

阿尔伯特·爱因斯坦发现引力是空间的自身弯曲。行星绕着恒星旋转是因为恒星的巨大质量导致空间弯曲，而行星恰好处在弯曲空间内。

银河系中，引力是恒星及其他物体聚合的主要作用力。

如果地球绕太阳旋转的速度足够快，那么它将永远绕着太阳旋转，而不会逐渐靠近太阳。但是，地球必须旋转得足够快才能抵消太阳的引力作用。

银河系中数以亿计的恒星都会造成程度不同的弯曲宇宙空间，其程度要比太阳大很多。实际上，天文学家已经观测到在银河系中心位置有一个质量非常大的黑洞——人马座A*。在某种意义上，在银河系中，人马座A*处在弯曲的宇宙空间的最低点。

钱德拉X射线天文台和哈勃空间望远镜观测到两个星系团的碰撞，证实了暗物质（图中蓝色部分）的存在。可见物质无法完全解释导致星系中星体间聚合的引力作用，星系聚合也要部分依靠暗物质提供的引力，而暗物质仅能通过它对可见物质的引力效应观测到。图中，天文学家通过暗物质对可见物质（图中粉色部分）的引力效应，以及光线通过暗物质的方式确定暗物质所在的位置。

星际介质

星际介质是指星系中恒星系统之间普遍存在的物质，大部分由氢气和氦气组成，也有少量由碳元素和其他物质构成的尘埃。星际介质通常是被恒星风吹离恒星表面的物质。所谓恒星风，是指恒星表面喷射而出的粒子流。在太阳系中，太阳的太阳风将星际介质吹离太阳表面约145亿公里。随着太阳在宇宙空间内的移动，太阳周围流动的星际介质与高速行驶中的汽车外表面的空气流动状态相似。

▼ 旅行者1号和2号是第一和第二艘穿过激波边界的宇宙飞船。激波边界是指太阳风与星际介质接触的湍流地带。2020年，这两艘宇宙飞船——可能是其中一艘——将抵达太阳风层顶，太阳风到达这里后将无法继续推动星际介质，只有穿过太阳风层顶才算真正离开太阳系。

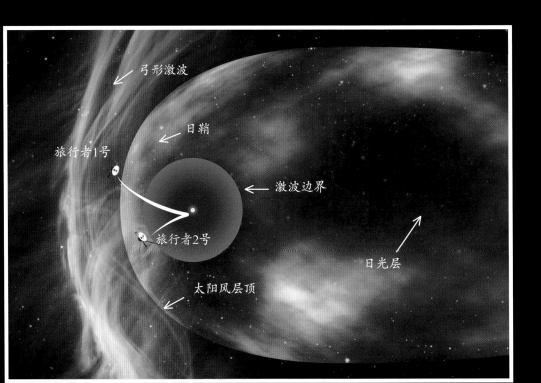

弓形激波

日鞘

旅行者1号

激波边界

旅行者2号

日光层

太阳风层顶

宇宙空间没有空白，宇宙空间中的任何位置都被物质填充。

因为太阳风中存在大量粒子，太阳系中行星之间的宇宙空间物质密度相对很高，不过却比我们呼吸的空气中的物质密度小很多。银河系中星际介质密度较低，在引力作用下，气体和尘埃得以围绕在银河系周围。宇宙空间内，星系之间物质的密度最低。

平均每立方米中有1000万个原子

1

平均每立方米中有1万个原子

2

平均每立方米中有1个原子

3

望远镜是否可以观测整个银河系？

隔壁星系

离银河系最近的旋涡星系是仙女星系，距离地球约为250万光年。通过研究仙女星系，天文学家能够更加了解银河系。

尘埃和气体构成云状遮挡物

为了更加了解银河系，天文学家的目光必须探向银河系的中心位置和边沿地带。但现有的光学望远镜却无法帮助他们实现目标，因为由尘埃和气体构成的云状物遮挡住了从中射出的光线。光学望远镜只能观测可见光，而可见光却不能穿透高密度的云状物，好在其他形式的电磁辐射可以观测到。使用可以观测到无线电波、红外线、X射线的望远镜，天文学家可以知晓银河系中心位置的状况。

仙女星系是与银河系相似的旋涡星系，但它更大。

只有位于星系际空间，才能够观测到整个银河系。乘坐以光速飞行的宇宙飞船，我们需要数千年后才能到达可以观测到整个银河系的地方。

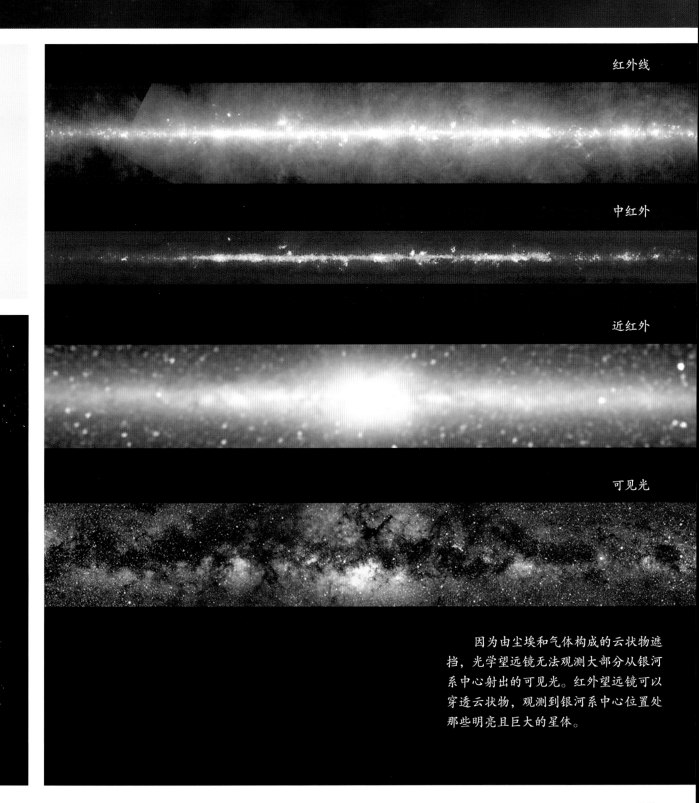

红外线

中红外

近红外

可见光

因为由尘埃和气体构成的云状物遮挡，光学望远镜无法观测大部分从银河系中心射出的可见光。红外望远镜可以穿透云状物，观测到银河系中心位置处那些明亮且巨大的星体。

老式地图

对于天文学家来说，绘制精确的银河系地图非常困难，因为他们无法观测核球以内部分，这相当于银河系的一半。20世纪50年代，天文学家利用特殊的望远镜，观测从银河系中心穿过云状物而射出的无线电波，他们精确计算出地球围绕太阳旋转时其他恒星的变化状况。通过这些信息，天文学家成功绘制出第一张银河系地图。大部分于2008年前绘制的地图都显示银河系有四条主要旋臂，但天文学家没有办法确定这个数字的准确性。

只有两条旋臂

2003年，天文学家搭建起一套倍率更高的望远镜——斯皮策空间望远镜，它可以观测到红外线。该望远镜让天文学家可以透过由尘埃和气体构成的云状物，看到曾被遮挡住的恒星。天文学家利用斯皮策空间望远镜算出旋臂中的恒星数量，他们发现仅有两个区域内存在数量较为密集的恒星，即盾牌-半人马臂和英仙臂，它们在银河系外沿区域分岔出四条旋臂。

科学家还发现在银河系中心位置，由恒星构成的棒状结构的长度远比想象的长，两条旋臂各与棒状结构的一端相连。

第一张详细的银河系质量分布图中，深红色表示物体密度较大区域，是两个主要旋臂和中心棒状结构。这张图出版于2009年，在图中能明显看出两个主要旋臂从银河系中心延伸而出，在银河系外沿区域分岔出四条旋臂。

银河系只有两条主要旋臂，而非四条，利用斯皮策空间望远镜在2008年的观测结果可以证实这点。这两条旋臂被称为盾牌-半人马臂和英仙臂，在银河系外沿区域分岔出四条旋臂。太阳系位于猎户臂，是人马臂的分支。

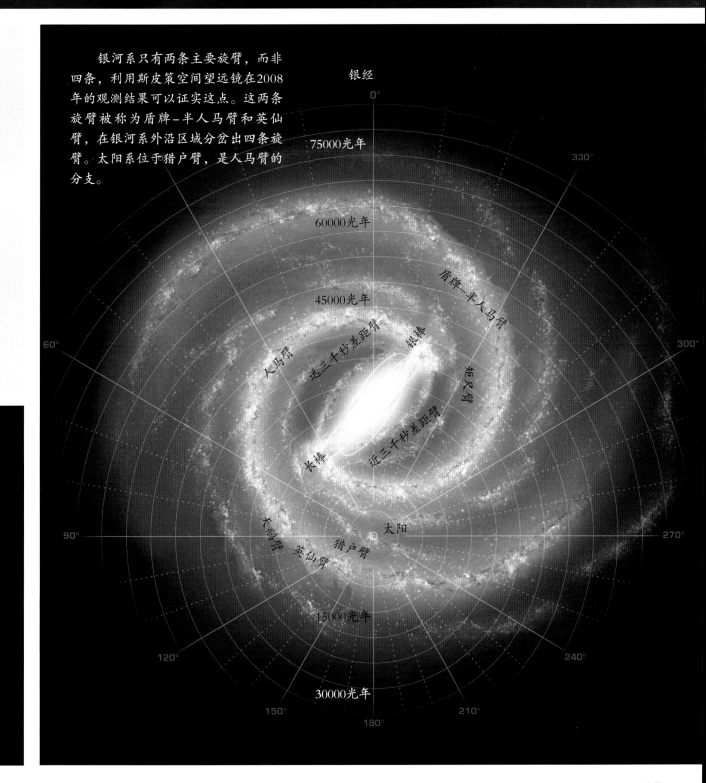

银经

0°

330°

75000光年

300°

60000光年

盾牌-半人马臂

45000光年

人马臂

近三千秒差距臂

银棒

矩尺臂

60°

长棒

近三千秒差距臂

90°

天鹅臂

英仙臂

猎户臂

太阳

270°

240°

15000光年

120°

210°

30000光年

150°

180°

45

恒星诞生区

当由尘埃和气体构成的云状物因引力作用开始向内坍缩的时候，这个云状物就已经变成星云，它由氢元素、氦元素和少量的其他化学元素组成。一个大星云可以产生许多恒星，当星云有产生恒星的潜能时，天文学家就称它为恒星诞生区。

恒星的形成

当星云其中某部分质量足够大并开始利用引力吸引其他物体时，恒星开始形成。随着由尘埃和气体构成球形结构的质量越来越大，吸引其他物体的能力越来越强，球形结构温度越来越高，密度越来越大。最终，因为密度足够大，球形结构坍缩速度放缓，从而成为原恒星。原恒星内部温度和压力持续增加，当达到核聚变的临界值时，氢原子核聚合生成氦原子核。核聚变反应释放巨大能量，继续加热球形结构内部物质。当核聚变反应能够持续进行时，原恒星则成为恒星。

在鹰状星云内部，由尘埃和气体构成的柱形云状物扮演着恒星摇篮的角色，在其内部，恒星正在不断形成。

天文学家估算银河系每年诞生7颗恒星，它们诞生于由尘埃和气体构成的巨型云状物中。

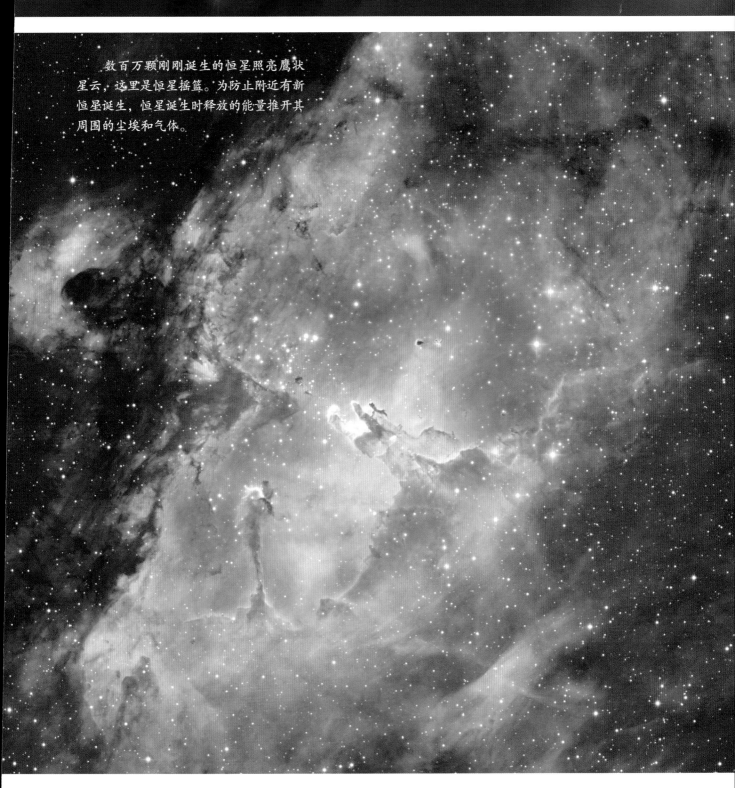

数百万颗刚刚诞生的恒星照亮鹰状星云，这里是恒星摇篮。为防止附近有新恒星诞生，恒星诞生时释放的能量推开其周围的尘埃和气体。

银河系中是否有恒星正在死亡？

依据恒星质量的大小可以推测恒星的死亡方式，天文学家将恒星分为高质量、中等质量、低质量三类，太阳属于中等质量的恒星。在恒星生命周期的大部分时间内，恒星处于压力与自引力的平衡状态，自引力让物质向内聚集，由此发生核聚变，而核聚变产生的压力与自引力平衡，阻止恒星坍缩。

只有当因自引力产生的向内推力与因能量辐射产生的向外压力相等，恒星才可以保持稳定，恒星生命周期的绝大多数时间都保持着这样的状态。

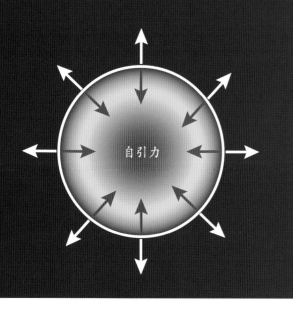

通过观测，天文学家知道蟹状星云是超新星爆炸后正在向外扩散的残留物质，但蟹状星云仅残留着爆炸恒星的最外层物质，以及密度极高且闪着光的核体。

随爆炸而消失

高质量恒星的生命周期短暂且激烈，它很快便耗光产生能量的原子核资源，膨胀成为红超巨星。当耗尽燃料后，核聚变停止，恒星将在自引力作用下坍缩，坍缩让恒星成为超新星。

超新星只有密度极高的星核，如果质量小于太阳的3倍，它将成为中子星；如果质量高于太阳的3倍，坍缩将无法停止，它将成为黑洞。

银河系的恒星会变老，最后死亡。

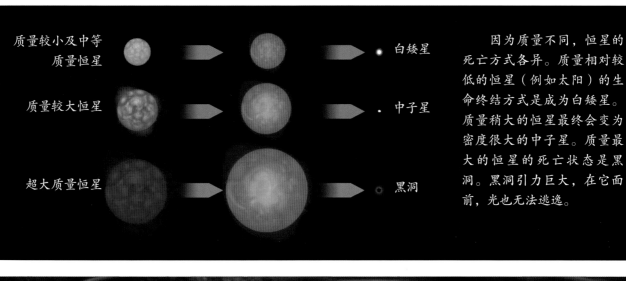

质量较小及中等质量恒星 → → 白矮星

质量较大恒星 → → 中子星

超大质量恒星 → → 黑洞

因为质量不同，恒星的死亡方式各异。质量相对较低的恒星（例如太阳）的生命终结方式是成为白矮星。质量稍大的恒星最终会变为密度很大的中子星。质量最大的恒星的死亡状态是黑洞。黑洞引力巨大，在它面前，光也无法逃逸。

这幅插画显示了相互围绕对方旋转的双星系统转变成为白矮星的过程，白矮星将冷却成为黑矮星。

逐渐消失

中等质量的恒星并不会以暴烈的形式死亡，随着核能源耗尽，它将膨胀成为红巨星。红巨星将缓慢释放大气层，并将大气层中的物质推向宇宙空间，留下温度很高、密度很大的核球。此时，红巨星变成白矮星，因为温度很高，白矮星会发出微弱的白光。最终，白矮星逐渐冷却变为黑矮星，黑矮星是恒星的尸体。

永远活着？

低质量恒星的寿命最长。事实上，大爆炸以来，还没有低质量恒星死亡。低质量恒星的死亡过程与中等质量恒星相同，最终将成为白矮星，并逐渐冷却成为黑矮星，湮没在无垠的宇宙空间。

什么是本星系群?

本星系群的构成

本星系群约包含50个已知星系。在宇宙空间内，诸多星系在引力作用下组成球状星系团，直径可达到1000万光年。

本星系群中有3个旋涡星系，银河系和仙女星系的规模最大，三角星系的规模较小。其余星系是规模更小的椭圆或不规则形状的矮星系。

本星系群的引力

引力是本星系群存在的重要条件，许多规模较小的星系会如卫星般围绕银河系和仙女星系旋转。因为引力作用，规模较大的星系吸引规模较小星系中的恒星或其他物质。同样也是因为引力，银河系与仙女星系正逐渐靠近。

本超星系团

本星系群位于规模更大的星系团中，即本超星系团，它的跨度可达1亿光年。

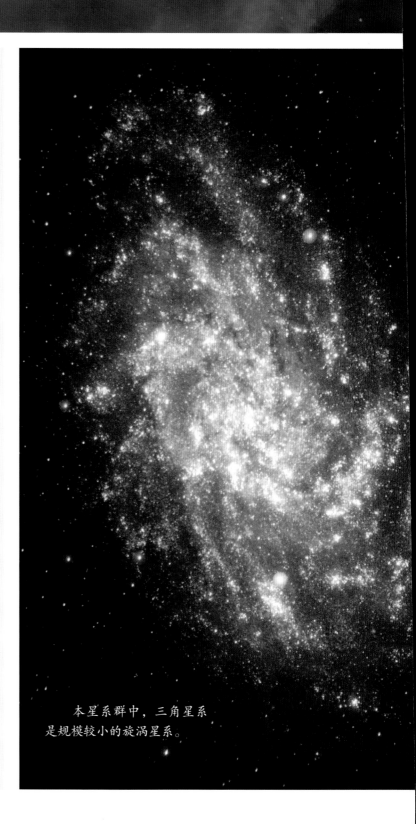

本星系群中，三角星系是规模较小的旋涡星系。

在宇宙中，银河系并不孤单，它处在由许多星系组成的星系群中，我们称这个星系群为本星系群。

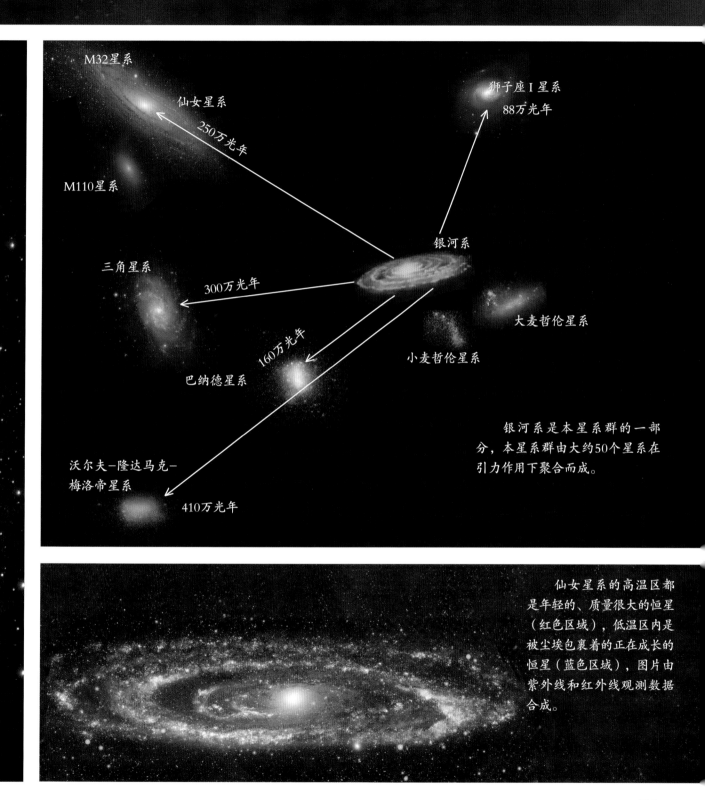

M32星系

狮子座Ⅰ星系
88万光年

仙女星系

250万光年

M110星系

银河系

三角星系

300万光年

大麦哲伦星系

160万光年

小麦哲伦星系

巴纳德星系

银河系是本星系群的一部分，本星系群由大约50个星系在引力作用下聚合而成。

沃尔夫–隆达马克–梅洛帝星系

410万光年

仙女星系的高温区都是年轻的、质量很大的恒星（红色区域），低温区内是被尘埃包裹着的正在成长的恒星（蓝色区域），图片由紫外线和红外线观测数据合成。

什么是球状星团？

大量球状星团

　　银河系中存在大量球状星团，它们多数位于银盘之外。球状星团呈球形，直径为数十光年，在引力作用下，其内部恒星的结合非常紧密。21世纪初，天文学家已经在银河系中发现了超过155个球状星团。

老星

　　天文学家相信球状星团在宇宙出现时就已经存在，球状星团内的恒星主要由氢元素和氦元素构成。后期形成的恒星成分才包含碳元素和氧元素，所以银河系中存在的球状星团足以证明银河系与宇宙同龄。

　　箭头所指为闪着亮光的微球状星团，照片由斯皮策空间望远镜观测红外线所拍。由尘埃和气体构成的云状物遮住了星团发出的光线，右侧小图为望远镜观测可见光所拍的照片。

可见光拍摄相同区域。

因为引力作用，球状星团内紧密聚集着大量恒星，不同球状星团内会有1万到数百万不等数量的恒星。

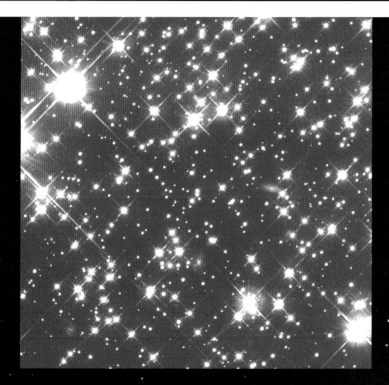

◄ NGC 6397是离地球最近的球状星团，距离约为7200光年。它是密度最大的星团之一，包含40万颗恒星。

▼ 此图显示M12星团通过银盘时丢失部分恒星的过程，这些恒星将成为银晕的组成部分。

什么是疏散星团?

年龄较小的恒星

多数疏散星团都呈不规则形状,跨度在5光年到20光年不等。疏散星团主要位于银盘中,同样是在引力作用下聚合而成,其中恒星的组成成分大约有2%是比氢元素和氦元素重的元素。这让天文学家知道疏散星团内有年龄较小的恒星。银河系中恒星爆炸生成质量较大的元素,因此只有当超新星得到核聚变发生所需的能量时,才会生成较重元素。恒星爆炸将这些元素喷射到由尘埃和气体构成的云状物内,云状物坍缩成为疏散星团内的恒星,质量较大的元素自然成为新星的组成部分。

移动星团

移动星团是另一种形式的星团,其中恒星并未因引力作用而完全聚合,但移动星团中的恒星依然有许多相同的特征。它们会以相同的速度朝相同的方向移动,由相同的元素组成,年龄也相同。通常情况下,疏散星团内恒星相互疏远,最终将变成移动星团,最广为人知的移动星团是大熊移动星团。

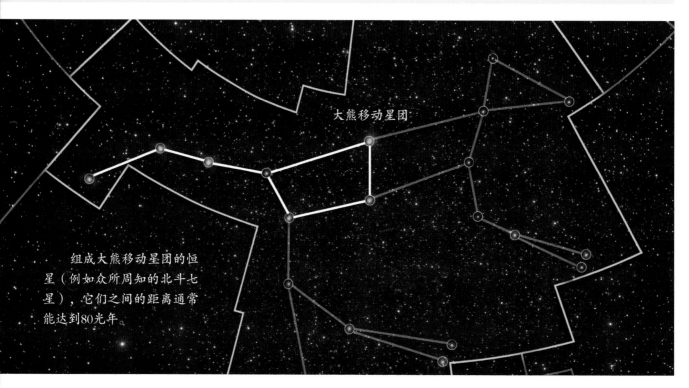

大熊移动星团

组成大熊移动星团的恒星(例如众所周知的北斗七星),它们之间的距离通常能达到80光年。

54

疏散星团由数百颗依靠引力作用松散地聚合在一起的恒星构成。

昴星团中的恒星共同构成疏散星团，其中恒星正在逐渐疏远成为移动星团。这幅由斯皮策空间望远镜拍摄的红外假色照片中，绿色和红色部分代表环绕在恒星周围的气体。

银河系是如何形成的？

宇宙大爆炸

　　多数天文学家都相信宇宙产生于大爆炸，宇宙中的物质均匀分布，只有某些位置存在极微小变化，天文学家可以观测到这些微小的变化。宇宙微波背景是宇宙中最古老的电磁波辐射。现在，通过观测宇宙微波背景，可以发现宇宙中星系的分布与不均匀区域的分布相吻合，这说明宇宙空间内早期物质团块是星系产生的基础。

星系碰撞

　　银河系和其他星系可能产生于星系之间的碰撞。首先，气体构成的云状物围绕在暗物质周围，形成原星系。在引力作用下，原星系周围聚拢许多物质。原星系之间通常也相互吸引，两个原星系相互碰撞时，恒星开始产生。两个较小星系之间不断地相互碰撞形成较大的星系。

　　图中为宇宙微波背景的变化分布，由宇宙微波背景探测器观测得到，这与宇宙中星系位置分布相吻合。

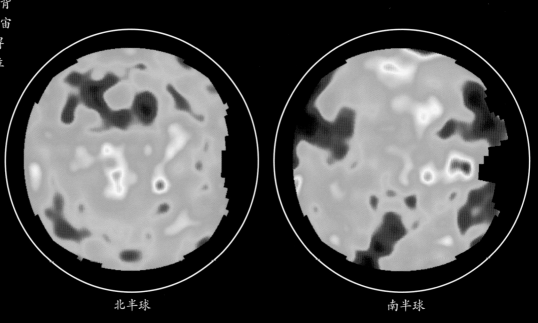

北半球　　　　　　　　南半球

天文学家相信宇宙产生于大爆炸。随后，以尘埃和气体构成的云状物和暗物质为中心，在引力作用下，通过吸引周围物质而形成银河系。

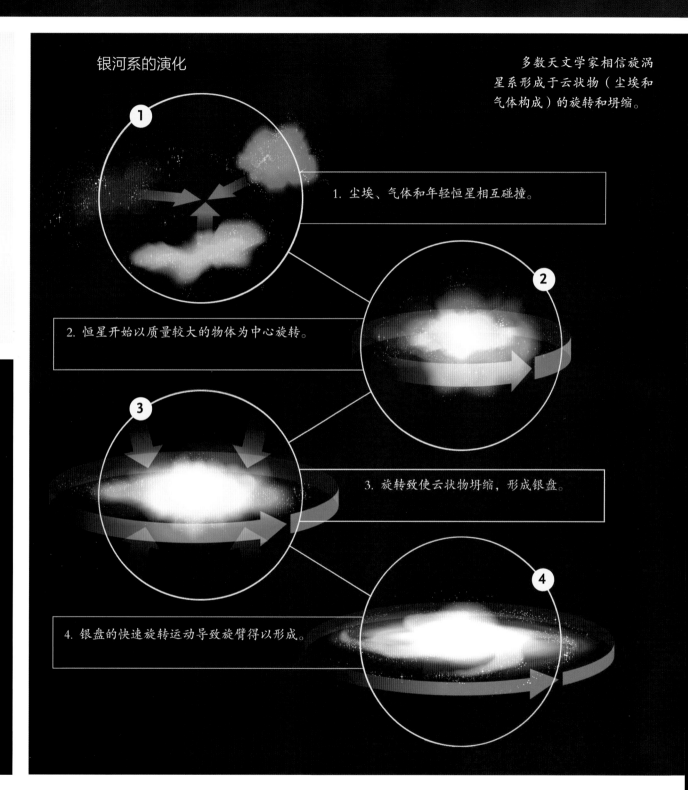

银河系的演化

多数天文学家相信旋涡星系形成于云状物（尘埃和气体构成）的旋转和坍缩。

1. 尘埃、气体和年轻恒星相互碰撞。

2. 恒星开始以质量较大的物体为中心旋转。

3. 旋转致使云状物坍缩，形成银盘。

4. 银盘的快速旋转运动导致旋臂得以形成。

银河系是否正在变化？

21世纪初，通过高倍率望远镜，天文学家已经发现银河系正在吞噬几个小型星系的证据。到现在，银河系已经吞噬掉周围两个矮星系。由于引力作用，银河系正在吸引麦哲伦星云内的物质。数十亿年以后，银河系很可能与仙女星系发生碰撞，仙女星系也是旋涡星系。

不断变化的中心棒状结构

银河系的中心棒状结构也在不断变化。在银河系年轻时，其中心位置并不存在像现在这样的棒状结构，其中心恒星环绕各自的轨道旋转。随着时间推移，最终成为呈类似棒状结构的椭圆形轨道。超过50%的旋涡星系都有中心棒状结构。

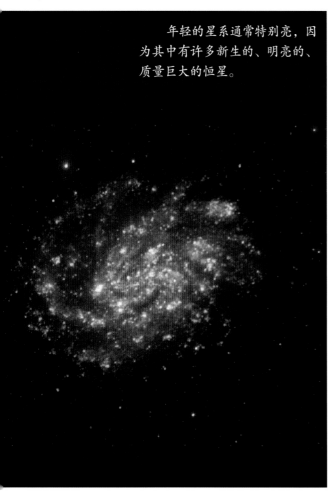

年轻的星系通常特别亮，因为其中有许多新生的、明亮的、质量巨大的恒星。

随着星系年龄的增长，许多恒星成为白矮星或中子星。

天文学家相信，自130亿年前银河系诞生之初，它就在不断变化，并不断地吞噬周围的小型星系，最终它很可能与仙女星系发生碰撞。

银河系周围围绕着至少3个大型恒星流。根据斯皮策空间望远镜观测到的红外线数据，插画家绘制出这幅图像。恒星流距离地球13000~130000光年，它像是在银河系引力作用下分崩离析的古老星团。

到了老年，多数恒星燃烧殆尽，星系暗淡无光。

太阳

银河系将以何种形式死亡？

银河系与仙女星系正以每秒121公里的速度相互靠近，当两个星系发生碰撞时，银河系将不复原来的样子。

银河系与仙女星系碰撞时会甩出其中的恒星。尘埃和气体构成的云状物将彻底毁灭，毁灭时的巨大震动将触发新恒星的形成。碰撞过程将持续55亿年，因为星系足够稀疏，碰撞不会影响太阳和地球。

碰撞将在20亿年后发生，碰撞结束时，仙女星系和银河系将不再是旋涡星系，而是变为椭圆星系。

触须星系是两个旋涡星系碰撞过程的中间状态，因为碰撞过程中恒星爆炸，使触须星系异常明亮。随着时间推移，触须星系将变为椭圆星系。

银河系是引力场非常强的超大星系，它可以吸引周围矮星系的恒星和其他物质，还会吞噬宇宙深处由尘埃和气体构成的云状物。

▼　星系间的碰撞和融合通常需要数十亿年，在此过程中，星系的亮度和形状会发生巨大变化，但因为距离太远，恒星之间并不会发生碰撞。

《璀璨的银河》

《黑洞及类星体》

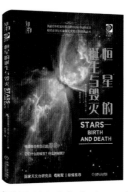

《恒星的诞生与毁灭》

《恒星的故事》

《漫游星系》

《神秘的宇宙》

《探寻系外行星》

《遥望宇宙：地面天文台》

《宇宙穿越之旅》

《宇宙瞭望者：空间天文台》